ulmer

Janine Hissel

Wild und wunderbar
DIE 13 BESTEN WILDKRÄUTER

Willkommen IN DER WUNDERBAREN WELT DER WILDKRÄUTER

DIE WILDE WELT VOR DEINER TÜRE

Kostenloses wildes Superfood gibt es direkt vor deiner Haustür. Mach dir daraus tolle Snacks oder Gerichte, die dich umhauen werden. Geh raus, sei neugierig und entdecke auf deinem Spaziergang gesunde Leckereien, die du einfach so knabbern kannst.

Warum Wildkräuter so wunderbar sind

Wildkräuter sind megawertvoll, weil sie voller Vitamine, sekundärer Pflanzenstoffe, Mineralstoffe und Chlorophyll stecken. Sie bringen richtig Abwechslung in deine Küche und sind auch noch gut für die Gesundheit. Das Beste daran ist, dass du sie kostenlos sammeln kannst, und das ist auch noch umweltfreundlicher als sie zu kaufen und CO_2-neutral. Also, ab nach draußen, schnapp dir deinen Korb und deine Schere und entdecke die Vielfalt der Wildkräuter. Vielleicht startest du im Frühling, das ist die Zeit, zu der wir jedes frische, heimische Grün begierig erwarten. Dann sind die Wildkräuter auch besonders zart und milder als später im Jahr.

Um Wildkräuter zu sammeln, musst du raus in die Natur und das entschleunigt total! Es macht richtig Spaß, über Wiesen zu schlendern oder durch den Wald zu streifen und die vielen verschiedenen Wildkräuter zu entdecken. Egal ob Vogelmiere, Giersch, Sauerampfer, Brennnessel, Wiesenlabkraut oder Wiesenbärenklau – sie alle geben unserem Essen einen super Geschmack. Und Bärlauch, Knoblauchsrauke, Löwenzahn,

Dost oder Gundermann bringen nochmal extra Würze rein, während Schafgarbe und Spitzwegerich nicht nur gut schmecken, sondern noch eine unglaubliche Heilkraft haben. Sie sind alle so vielseitig und mega-lecker! Im Folgenden findest du die wichtigsten Infos, wie du die besten Wildkräuter erkennen und Leckeres, Schönes und Gesundes daraus zaubern kannst. Ganz so, als ob du bei einem geführten Wildkräuterspaziergang mitmachen würdest. Also schnapp dir deinen Korb und eine Schere und genieße die Natur und die natürlichen Aromen der Wildkräuter in vollen Zügen. Guten Appetit!

SAMMELTIPPS

Sicher erkennen

Pflücke immer jedes Blatt oder jede Blüte einzeln, nicht büschelweise und achte genau auf die Merkmale – schaue, rieche und fühle!

Ist der Blattstand wechsel- oder gegenständig? Ist der Stängel glatt, rau oder behaart? Ist der Blattrand wellig, ganzrandig oder gesägt? Hat die Blüte 4 oder 5 Blütenblätter? Wie riecht die Pflanze, wenn du sie zerreibst?

In den folgenden Kapiteln findest du die wichtigsten Merkmale, vergleiche sie genau mit der Pflanze, die du bestimmen möchtest. Nur so kannst du sichergehen, dass du keine Giftpflanze erwischt hast. Wenn du dir nicht sicher bist, lass sie stehen.

Gute Bestimmungs-Apps können hilfreich sein, du solltest dich aber nicht komplett darauf verlassen und auf jeden Fall die wichtigen Bestimmungsmerkmale aus dem Buch mit der gefundenen Pflanze vergleichen.

Wo, wann und wie

Generell gilt: Respektiere die Natur und ihre Ressourcen, sammle nur so viel, wie du brauchst, und hinterlasse keine Spuren deiner Sammelaktion.

Wildkräuter können an vielen Orten gesammelt werden, solange es sich um unberührte Natur handelt und die Pflanzen nicht durch Pestizide oder andere Chemikalien belastet sind. Naturschutzgebiete und beliebte Hundegassi-Wege sind ebenso tabu.

Einige gute Orte zum Sammeln von Wildkräutern sind:

- Waldränder und Wiesen
- Parks und Gärten
- Brachflächen

Wildkräuter können je nach Art und Standort zu verschiedenen Jahreszeiten gesammelt werden, wenn du sie in der Küche verwendest. Im Frühling und Sommer sind viele Wildkräuter besonders reichhaltig und schmackhaft.

Wildkräuter sollten mit der Schere abgeschnitten werden und in einem Korb oder einem luftigen Säckchen nach Hause transportiert werden. Es ist wichtig, nur so viel zu sammeln, wie man wirklich benötigt, um die Pflanzenbestände zu schonen. Nach dem Sammeln sollten die Kräuter gründlich gereinigt und eventuell getrocknet oder verarbeitet werden.

Beim Sammeln von Pflanzen als Heilkräuter müssen andere Regeln beachtet werden. Dann kommt es auf den genauen Ernte-Zeitpunkt an, wenn die Konzentration der Wirkstoffe am höchsten ist. Wann das ist, hängt von der jeweiligen Pflanze ab. Im Allgemeinen sollten die meisten Heilkräuter geerntet werden, wenn sie sich in voller Blüte befinden. Es ist auch ratsam, die Kräuter am Morgen zu ernten, wenn der Tau getrocknet ist, aber bevor die Sonne zu stark wird, so bleiben die Wirkstoffe am besten erhalten.

KREATIVE KÜCHE

Sobald du den Geschmack der Wildkräuter kennengelernt hast, kannst du sie sehr kreativ in der Küche einsetzen. Du kannst beispielweise den Spinat in deinen bekannten Gerichten einfach austauschen. Probier dazu mal eine Mischung aus verschiedenen Kräutern, z. B. Brennnessel, Giersch und Löwenzahn, für die nächste Pastafüllung. Oder vielleicht eine Mischung aus Wiesenbärenklau, Sauerampfer und Schafgarbe für eine Quiche.

Zu den 13 wunderbaren Wildkräutern findest du in den folgenden Kapiteln Rezeptideen, die du auch kreativ nutzen kannst: Am Anfang vieler Rezepte stehen Kräuter, die du alternativ nehmen kannst. Auch hier musst du dich nicht auf ein einzelnes Wildkraut beschränken, Kombinationen aus 2 oder 3 verschiedenen Kräutern bringen oft einen tollen Geschmack, sind aber nicht so dominant.

Wildkräuter verwenden und haltbar machen

Am allerbesten verwendest du deine gesammelten Wildkräuter frisch. Im Kühlschrank kannst du sie, in ein feuchtes Geschirrhandtuch eingewickelt, einen Tag aufbewahren. Falls sie dann schlapp sind, peppe sie in einer Schüssel mit Zuckerwasser wieder auf, bevor du sie verwendest.

Alle Wildkräuter solltest du, ähnlich wie Salatblätter, vor der Verwendung gut waschen, verlesen und trocknen. Sind die Stängel schon zäh und holzig? Dann entferne sie besser. Das Geschmackserlebnis soll schließlich nicht durch unangenehm Zähes im Mund getrübt werden. Je weiter das Jahr fortgeschnitten ist, desto häufiger wird das vorkommen.

Hast du zu viel gesammelt? Dann wasche die frisch geernteten Wildkräuter, trockne sie, hacke sie fein und friere sie in Öl ein. Das klappt super in Eiswürfelbehältern und du kannst sie dann später verwenden.

Oder mache Pesto, Wildkräuter-Salz, -Öl oder -Essig für den Vorrat. Anregungen dazu findest du auf den nächsten Seiten. In einem schönen Glas oder einer Flasche sind das auch wunderschöne Geschenke.

DIE 13 BESTEN WILDKRÄUTER

Ab nach draußen, schnapp dir deinen Korb und deine Schere und entdecke die wilde Welt der Kräuter. Du findest auf den folgenden Seiten die wichtigsten Bestimmungsmerkmale, Verwechslungsarten, Rezepte und Wissenswertes zu 13 Wildkräutern, die einfach fantastisch sind!

Verwechslungsarten

» Nicht so schlimm, die Pflanze ist ungiftig.

» Achtung besonders aufpassen, die Pflanze ist giftig!

BÄRLAUCH
Der Taffe

Der kleine Bruder des Knoblauchs hat in den letzten Jahren ein unglaubliches Revival erlebt und die frische Frühlingsküche ordentlich aufgemischt. Wenn du im Frühling im Wald spazieren gehst, weht dir vielleicht bald schon der verführerische Duft von Bärlauch um die Nase. Auf einer Sammeltour solltest du genau hinsehen, um eine Verwechslung mit giftigen Doppelgängern zu vermeiden.

Was und wann?

Die Bärlauchblätter-Saison ist kurz, sie beginnt je nach Witterung und Lage im März und dauert meist bis in den Mai, wenn der Bärlauch kleine, weiße, sternförmige Blüten ausbildet. Dann kann man die grünen Blätter zwar immer noch ernten, aber sie sind nicht mehr so zart.

In der Küche sind die Blätter wahre Tausendsassas. Roh und gegart kannst du sie überall einsetzen, wo das tolle Aroma erwünscht ist: z. B. als Pesto, in der Kräuterbutter oder als Dip, in der Suppe oder in der Gemüsefüllung.

Ende April geht's meist weiter mit den Blütenknospen. Sie sind wahre Delikatessen und die Blüten mit ihrem feinscharfen Geschmack kannst du als essbare Deko verwenden. Sie lassen sich auch zu Essig, Öl oder Pesto verarbeiten.

Die grünen Bärlauchkapseln ab Juni sind knackig und sehr aromatisch. Sie schmecken frisch auf dem Brot, als Würze zu Salaten und vielen anderen herzhaften Speisen und du kannst sie wunderbar einmachen.

Das steckt drin

Bärlauch besitzt reichlich Vitamine, Mineralstoffe, Spurenelemente, ätherische Öle und weitere hoch wirksame Pflanzensubstanzen. Er wirkt ähnlich wie Knoblauch, fördert die Verdauung, stärkt das Immunsystem, wirkt gegen Arteriosklerose und senkt den Blutdruck. Seine Schwefelverbindungen haben eine entzündungshemmende und entgiftende Wirkung auf den Körper.

So sieht Bärlauch aus

Bärlauch zählt zur Gattung *Allium* und ist mit Schnittlauch, Zwiebel und Knoblauch verwandt, er riecht entsprechend intensiv! Er wächst vor allem in Laubmisch- und Buchenwäldern und bedeckt dort häufig größere Flächen. Du wirst ihn nie auf Wiesen und in Nadelwäldern finden.

Blatt und Stängel …

- Glänzende Blattoberseite
- Matte Blattunterseite mit spürbarer Mittelrippe
- Blattspreite mit einem Blattstiel
- Blätter immer grundständig und ca. 20 cm lang (mit Stiel)
- Kantiger Stängel

Blüte und Frucht …

- Weiße Sternchenblüten ab Anfang Mai
- Als kugelige Scheindolde angeordnet
- Grüne Samenkapseln ab Juni

So nicht!

Maiglöckchen und Herbstzeitlose sind die beiden wichtigsten giftigen Verwechslungsarten des Bärlauchs. Mach zur Sicherheit auch den „Knacktest“: Falte ein Blatt zusammen, dann hörst du beim Bärlauch ein Knacken, wenn die Mittelrippe bricht.

MAIGLÖCKCHEN

- Es stehen immer zwei Blätter wechselständig an einem Stängel
- Blätter glänzen an der Unterseite
- Blüten weiß, hängend, glockenförmig, angenehm duftend

HERBSTZEITLOSE

- Blätter wachsen als Rosette aus dem Boden
- Blätter schmaler und fleischiger, ohne Stiel
- Im Inneren der Rosette ist eine Kapselfrucht erkennbar

BÄRLAUCH-HUMMUS

Superschnell und raffiniert, mit wenigen Zutaten

Schmeckt auch lecker mit » Knoblauchsrauke, Giersch, Brennnessel, Löwenzahn, Vogelmiere

Zubereitungszeit: ca. 20 Minuten

Für 4 Portionen

1 Dose Kichererbsen (240 g)

1 Handvoll Bärlauch

2 EL Tahini

1 TL Olivenöl

2 EL Zitronensaft

100 ml Wasser

1 TL Salz

je 1 Prise frisch gemahlener Pfeffer und Piment d'Espelette

- Die Kichererbsen abgießen und mit Wasser abspülen.
- Bärlauch waschen und grob hacken. Für die Dekoration ein Blatt zur Seite legen.
- Alle Zutaten in einem hohen Gefäß mit dem Pürierstab pürieren.
- Nochmals abschmecken und mit Bärlauch dekoriert servieren.

AUCH LECKER

In Essig eingelegt sind **Bärlauchknospen** und später auch die unreifen grünen **Samen** eine besondere Delikatesse, du kannst sie auf Vorrat herstellen und dann als Beilage zu Brot, Gemüse und Nudelgerichten verwenden.

Dazu 1 Handvoll gewaschene Bärlauchknospen oder -samen in ein sauberes Twist-off-Glas füllen. Für die Marinade ca. 80 ml Essig mit 1 TL Zucker, einer Prise Salz und 2 Pfefferkörnern einmal aufkochen und nach etwa 1 Minute zu den Bärlauchknospen oder -samen in das Glas gießen, fest zuschrauben. Im Kühlschrank mindestens 1 Woche ziehen lassen. Sie halten sich ungeöffnet im Kühlschrank ca. 4 Monate.

BRENNNESSEL

Das Kampfkraut

Um sich vor Fressfeinden zu schützen, ist die Brennnessel mit Brennhaaren bewaffnet, und die hat sicherlich jeder schon mal zu spüren bekommen! Die Brennhaare enthalten eine Flüssigkeit, die bei Berührung auf der Haut ein brennendes, juckendes Gefühl verursacht. Zum Ernten solltest du daher auf jeden Fall Handschuhe tragen.

Trotzdem zählt sie zu den ältesten Wildgemüse-Sorten und wird zu Recht von vielen Menschen als „Superfood" verehrt. Die Blätter sind verträglicher als Spinat und genauso zu verwenden. Brennnessel-Samen werden von Veganern und Bodybuildern als Proteinquelle vergöttert, da sie auch noch nussig, aromatisch und superlecker schmecken. Also verpasse nicht die Samenreife und sammle deinen Wintervorrat.

Megawichtig sind Brennnesseln als Futterpflanze auch für einige Schmetterlingsarten, wie z. B. den Kleinen Fuchs oder den Admiral, um sich zu vermehren und zu überleben.

Was und wann?

Die Saison startet meist im März, dann kannst du junge Pflanzen komplett ernten und verarbeiten, bei älteren nur die Triebspitzen, das sind meist die oberen 2–3 Blattpaare.

Brennnesselblätter können oft das ganze Jahr über geerntet werden, die beste Zeit ist jedoch im Frühjahr und Frühsommer vor der Blüte.

Die Samen der weiblichen Brennnesseln kannst du grün und unreif im Spätsommer ernten oder im Frühherbst als reife Samen.

Das steckt drin

Die Brennnessel hat eine der höchsten Nährstoffdichten unter den Wildkräutern, sie ist vollgepackt mit Mineralstoffen, wie knochenstärkendem Kalzium und herzschützendem Magnesium, und ihr Vitamin-C-Gehalt ist vier Mal so hoch wie bei Zitrusfrüchten.

Die Samen enthalten Eiweiß, gesunde Fettsäuren, Vitamine, Mineralien sowie Phytohormone und wirken stärkend.

So sieht Brennnessel aus

Die Brennnessel ist in Mitteleuropa heimisch und kommt fast überall häufig vor. Sie ist zweihäusig, es gibt also weibliche und männliche Pflanzen, beide werden bis zu 1 m hoch.

Sie wächst meist in Gruppen und oft auf bearbeitetem Boden, der nahrhaft und stickstoffreich ist.

Daher ist sie häufig ein Kulturfolger und begleitet die Menschen in ihre Dörfer und Städte.

Die ganze Pflanze ist wehrhaft, alle Pflanzenteile sind mit Brennhaaren besetzt, damit schützt sie sich gegen Fressfeinde. Bei Berührung brechen die Spitzen der Brennhaare und geben das Nesselgift ab.

Blatt und Stängel …

- Blätter wachsen kreuzgegenständig an den Stängeln
- Meist dunkelgrün, spitz-eiförmig mit grob gesägtem Rand
- Stängel vierkantig und meist unverzweigt

Blüte und Frucht …

- Blüht von Juni bis August unscheinbar, grüngelblich
- Blüten entwickeln sich in den Achseln der oberen Blattpaare
- Stehen in rispenartigen Blütenständen – die männlichen seitlich abstehend, die weiblichen herabhängend
- Grüne, eckige Früchte entwickeln sich aus den weiblichen Blüten zwischen August und Oktober

So nicht!

Die Brennnessel hat ein unschlagbares Erkennungsmerkmal: ihre Brennhaare. Vor der Blüte könntest du die Brennnessel mit der Weißen Taubnessel verwechseln, die hat aber keine Brennhaare. Sie ist außerdem auch essbar.

WEISSE TAUBNESSEL

- Ohne Brennhaare
- Weiße Lippenblüten, die aus den Blattachseln stehend wachsen

WILDE PIZZA BIANCA

Mit Brennnesseln ein Genuss

Schmeckt auch lecker mit » Bärlauch, Knoblauchsrauke, Dost

Zubereitungszeit: ca. 30 Minuten

Für 2 runde Pizzen

2 Handvoll Brennnessel-Blätter

50 g Pecorino

2 Pck. Pizzateig, rund (Kühltheke)

150 g Creme fraîche

1 Bio-Zitrone (Schale, gerieben)

2 EL Olivenöl

Salz, frisch gemahlener Pfeffer

50 g Pinienkerne

- Backofen auf 250 °C (Ober- / Unterhitze) vorheizen.
- Brennnesseln verlesen, waschen und trocknen.
- Die Hälfte des Pecorinos reiben, Rest hobeln.
- Pizzen auf ein mit Backpapier belegtes Backblech legen und den Rand etwas hochdrücken.
- Creme fraîche mit Zitronenschale und geriebenem Pecorino verrühren und auf die Böden streichen.
- Brennnesseln mit 2 EL Öl, Salz und Pfeffer mischen, auf den Pizzen verteilen, mit Pinienkernen bestreuen.
- Im Backofen auf mittlerer Schiene ca. 15 Minuten backen. Dann mit gehobeltem Pecorino belegt servieren.

AUCH LECKER

Die **Brennnessel-Samen** nach der Ernte einfach an der Luft trocknen lassen und dann möglichst dunkel lagern. Jeden Tag 1 Teelöffel davon auf das Butterbrot, ins Müsli oder über den Salat gibt dir Power! In einer fettfreien Pfanne geröstet sind sie noch köstlicher!

DOST

Der aromatische Glücklichmacher

Die Verwandtschaft des Dost oder Wildem Oregano zum Majoran lässt sich nicht verleugnen. Und als ob das nicht Grund genug wäre, dieses tolle aromatische Wildkraut direkt vor der Haustür zu sammeln und großzügig in der Küche zu verwenden, bietet er unseren Honigbienen Nektar an und wird gerne von ihnen besucht. Viele Schmetterlingsarten bedienen sich auch an seinem Nektar.

Beim Zerdrücken der Blätter machen sich seine ätherischen Öle würzig duftend bemerkbar. Er ist eine ausdauernde krautige Pflanze und du kannst ihn super in deinem Garten oder auf deinem Balkon ansiedeln. Die alte Gewürz- und Heilpflanze ziert mit ihren hübschen Lippenblüten sonnige Staudenbeete und du kannst direkt deine Pizza und mediterrane Gerichte mit den frischen oder getrockneten Blätter aufpeppen.

Was und wann?

Frische Blätter kannst du während der Wachstumszeit ständig ernten. Vor der Blüte sind die Blätter am aromatischsten. Der Frühsommer ist dann auch der perfekte Zeitpunkt, den Dost zum Trocknen zu ernten. Schneide die Stängel mit einer Schere etwa 5–10 cm über dem Boden ab und lasse sie dann an einem warmen, trockenen Ort kopfüber hängen. Sobald die Blätter knusprig sind, zupfe sie von den Stängeln ab und bewahre sie in einem luftdichten Behälter auf. Von Juli bis September ist die Zeit der Blüten, die du super als essbare Dekoration verwenden kannst.

Das steckt drin

Die Heilwirkungen des Dosts gehen über das Erzeugen von guter Stimmung weit hinaus. Grund dafür ist ein regelrechter Cocktail an gesundheitsfördernden Inhaltsstoffen. Eine Vielzahl an Gerb- und Bitterstoffen sorgt für eine verdauungsfördernde, krampflösende und schmerzstillende Wirkung. In der Volksmedizin wird er als Tee bei Husten, Magen- und Darmproblemen und Schlaflosigkeit eingesetzt.

So sieht Dost aus

Auf Wiesen, Südhängen, in Hecken und auf sonnigen Böschungen findest du diesen wunderschönen, wintergrünen 30–60 cm hohen Lippenblütler, der kalkhaltige und trockene Böden liebt.

Blatt und Stängel …

- Blätter kurz gestielt, klein, eiförmig, meist ganzrandig
- Gegenständig, auf der Unterseite drüsig punktiert
- Stängel rund, hart, oft rötlich überlaufen, behaart
- Duftet beim Abstreifen oder Zerreiben intensiv nach Pizza

Blüte und Frucht …

- Winzige hellrosafarbene und purpurne, selten weiße Lippenblüten
- Blüht in lockeren duftenden Scheinrispen von Juli bis September
- Unscheinbare Klausenfrüchte

So nicht!

Es gibt keine giftige Verwechslungsart des Gewöhnlichen Dostes in der einheimischen Flora, zu unverkennbar sind seine rosa-violetten Lippenblüten, die etwas den Blüten des Thymians ähneln. Vor der Blütezeit kannst du Dost mit dem Wirbeldost verwechseln.

THYMIAN

- Blätter länglich, glattrandig, umgerollt
- Insgesamt viel kleiner
- Unscheinbare Klausenfrüchte

WIRBELDOST

- Blüten groß, dunkelviolett
- Unscheinbare Klausenfrüchte

WILDES MEDITERRANES SALZ

Megaköstlich zu Pasta, Salat und Gemüse

Schmeckt auch lecker mit » Bärlauch, Knoblauchsrauke, Gundermann

Zubereitungszeit: 30 Minuten + 1 Woche Ruhe- / Trockenzeit

Für 1 Glas Kräutersalz

2 Handvoll Dost

100 g Meersalz, grob

½ TL Pfeffer, frisch gemahlen

- Dost waschen, trocknen, verlesen, Blätter abzupfen und hacken.
- Mit Salz und Pfeffer vermengen und grob mahlen. In Gläser abfüllen und 5 Tage im Kühlschrank ziehen lassen.
- Auf einem Backblech ausbreiten und mit einem Geschirrtuch abgedeckt an der Luft trocknen lassen.
- Nochmals mahlen und in ein Glas abfüllen.

DOST-ÖL

Ideal zum Verfeinern von Sommersalaten, Pizza und Antipasti

Schmeckt auch lecker mit » Bärlauch, Knoblauchsrauke, Gundermann

Zubereitungszeit: 10 Minuten + 3 Wochen Ziehzeit

Für 500 ml Öl

3–4 blühende Dost-Zweige

500 ml Olivenöl

- Den Dost waschen, trockentupfen und in eine gründlich gesäuberte Flasche geben, Olivenöl in die Flasche gießen, die Kräuterzweige müssen komplett bedeckt sein.
- Gut verschließen, kühl und dunkel gelagert für 3 Wochen ziehen lassen.
- Die Kräuterzweige entfernen. Der Dost hat jetzt seinen unverkennbar mediterranen Geschmack abgegeben, das Öl kann verwendet werden.

» Auch lecker ist ein mit Dost aromatisierter Essig. Dafür einfach bei der Zubereitung das Öl gegen einen Weißwein-Essig eintauschen.

GIERSCH

Die Waldpetersilie

Viele Hobbygärtner mögen ihn nicht, weil er sich ausbreitet, wenn er sich erst mal in einem Eckchen des Gartens angesiedelt hat: Giersch ist für sie das schlimmste Unkraut, das sie mit seiner Hartnäckigkeit wahnsinnig macht.

Dass sich Giersch so schwer aus dem Garten vertreiben lässt, liegt daran, dass sich sein unterirdisches Rhizom ständig weiter durch den Boden arbeitet. Ausreißen hilft da nichts, aber Aufessen ist eine Möglichkeit, ihn in Schach zu halten. Das nervige Kraut ist ein sehr wohlschmeckendes und gesundes Wildgemüse, das fein nach Möhre oder Petersilie schmeckt. Er ist ein wahrer Tausendsassa in der Küche, roh und gegart.

Mit den kleinen weißen Blütendolden lockt der Giersch Bienen und andere Bestäuber an, für die er eine wichtige Nahrungsquelle ist, so trägt er auch zur Biodiversität bei.

Was und wann?

Im Frühjahr und Frühsommer sind die jungen Blätter super im Salat, weil sie dann am mildesten schmecken. Sein Aroma lässt sich in der Zeit auch gut im Kräuterquark, Pesto und in der Kräuterbutter nutzen.
Ab dem Sommer werden die Blätter bitterer und zäher, also ab in den Kochtopf, so schmeckt er dann wie kräftiger Spinat.

Mit den aromatischen knospigen Blüten kannst du von Juni bis August deine Gerichte toppen und ab August kannst du die Früchte als aromatische Würze einsetzen.

Das steckt drin

Giersch enthält viel Vitamin C, Vitamin A, Kalzium und Eisen. Er wird in der Volksmedizin oft zur Behandlung von Entzündungen, Rheuma und Gicht eingesetzt. Er wirkt auch harntreibend und kann bei Nierenproblemen hilfreich sein.

So sieht Giersch aus

Die kräftige mehrjährige Staude wird 30–100 cm hoch. Die Blätter duften stark nach Möhre, Sellerie oder Petersilie. Giersch kommt in ganz Europa vor und wächst bevorzugt in schattig-feuchten Busch- und Waldregionen. Er wächst meist flächendeckend, kommt also in größeren Mengen vor. Beim Bestimmen sollten wir uns die Zahl 3 merken.

Blatt und Stängel

- Blätter sind 3-zählig 1- bis 3-fach gefiedert („drei mal drei"), mit dreieckigem asymmetrischem Umriss und gesägtem Rand
- Fiedern 1. Ordnung sind oft nur 2-lappig und damit einem Ziegenfuß ähnlich, daher der Gattungsname Aegopodium (griech. aix / aigos = Ziege, pous / podos = Fuß)
- Junge Blätter hellgrün und glänzend, ältere stumpf und dunkelgrün
- Stängel 3-kantig, im unteren Bereich hohl und einseitig gefurcht

Blüte und Frucht

- Weiße Blütendolden mit bis zu 20 kleinen, weißen, strahligen Blüten
- Blüht von Juni bis August
- Frucht eiförmig und bräunlich

So nicht!

Verwechslungsgefahr besteht im Frühling mit Sprösslingen des Schwarzen Holunders, die schwach giftig sind. Die Holunderblätter sind jedoch nicht dreigeteilt und riechen nicht nach Möhre oder Sellerie. Während der Blüte könnte der Giersch mit anderen weißen Doldenblütlern verwechselt werden, seine Blätter sind jedoch unverwechselbar.

SCHWARZER HOLUNDER

- Blätter 5- bis 7-zählig gefiedert
- Stängelmark weiß

GEFLECKTER SCHIERLING

- Rötliche Flecken am Stiel
- Blätter mehrfach gefiedert
- Stechender Geruch nach Mäuse-Pipi

FRÜHLINGSSALAT MIT GIERSCH

Dieser Salat steckt nicht nur voller Vitamine und Mineralstoffe, er schmeckt auch richtig gut.

Schmeckt auch lecker mit » Bärlauch, Knoblauchsrauke, Löwenzahn, Wiesenlabkraut, Sauerampfer, Vogelmiere

Zubereitungszeit: ca. 30 Minuten

Für 4 Portionen

3 Handvoll junge Giersch-Blätter
2 Tomaten
½ Salatgurke
2 Frühlingszwiebeln
1 Handvoll Walnusskerne
3 EL Rapsöl
2 EL Weißwein-Essig
1 TL Senf
etwas Zitronensaft
etwas Ahornsirup
Salz und frisch gemahlener Pfeffer

- Giersch waschen, verlesen und trockenschleudern. 3 Blätter zur Seite legen, die restlichen Blätter grob schneiden.
- Die Tomaten waschen und in Spalten schneiden, Gurke schälen und würfeln, Frühlingszwiebel in Ringe schneiden und alles in eine große Schüssel geben.
- Walnusskerne grob hacken und in einer Pfanne ohne Fett anrösten.
- Das Rapsöl mit dem Essig, Senf, Zitronensaft, Ahornsirup und den 3 beiseitegelegten Giersch-Blättern in einem hohen Gefäß mit einem Stabmixer pürieren und mit Salz und Pfeffer abschmecken.
- Das Dressing mit den Salatzutaten vermengen, auf Tellern anrichten und servieren.

GUNDERMANN

Der würzige Eroberer

Der Gundermann ist ein heimisches Wildkraut mit hübschen, kleinen, violetten Blüten.

Mit seiner Wuchshöhe von nur 10–30 cm ist er ein guter Bodendecker für Natur- sowie Waldgärten und setzt naturnahe Akzente. Er wird nicht nur als Blattschmuckstaude, sondern auch als gute Nektar- oder Pollenpflanze geschätzt. Über dem wintergrünen Laub erscheinen ab April die lippenförmigen, zartvioletten Blüten in bis zu fünfblütigen Ständen. Unverkennbar ist sein starker minziger, harziger Geruch und Geschmack.

Was und wann?

Junge Blätter kannst du ab März sammeln und blättchenweise als Würzkraut verwenden.

Die aromatischen Blätter werden als Gewürz in Suppen, Salaten, Kräuterquark und -butter sparsam eingesetzt. Achtung, das Aroma wird sehr schnell dominant, taste dich am besten Blatt für Blatt an deinen Lieblingsgeschmack heran.

Überraschend ist, dass du mit den Blättern Desserts, Sahne und Süßes aromatisieren kannst.

Von April bis Juni warten die Blüten darauf, „gesnackt“ zu werden. Du kannst mit den blauen Schönheiten aber auch jedes Gericht schmücken und aufwerten.

Das steckt drin

Das Kraftpaket enthält reichlich Bitter- und Gerbstoffe, Vitamin C und Mineralstoffe.

In der Volksmedizin wird der Gundermann als Tee oder Salbe bei Erkrankungen der Atemwege und zur Wundheilung eingesetzt.

So sieht Gundermann aus

Der Gundermann ist in ganz Europa verbreitet und wächst vorzugsweise auf nährstoffreichen Wiesen, in feuchten Auen und Weiden sowie an Feldrändern und Hecken.

Die mehrjährige, wintergrüne Staude mit bis zu 20 cm langen, zunächst aufrechten, blütenbesetzten Sprossen, sinkt nach der Blüte ab und bildet Wurzeln, überall, wo sie auf den Boden trifft. Damit kann sich die ausdauernde Pflanze hervorragend ausbreiten und schmückt die Flächen mit ihren schönen Blättern, die aromatisch duften.

Blatt und Stängel

- Blätter rundlich bis herz-nierenförmig, dunkelgrün, unbehaart
- Am Rand gekerbt, ca. 5 cm groß, mit verhältnismäßig langem Blattstiel
- Sie stehen kreuzgegenständig am vierkantigen Stängel

Blüte und Frucht

- Typische Lippenblütenform mit Ober- und Unterlippe, in Blau bis Violett
- Blüte von April bis Juni in Scheinquirlen in den Blattachseln
- Von Juli bis August unscheinbare kleine Früchte

So nicht!

Verwechseln könntest du den Gundermann mit dem Kriechenden Günsel, der ebenfalls essbar, aber sehr viel bitterer ist.

Eine ähnliche Blattform hat auch die Knoblauchsrauke, wenn Sie noch sehr jung ist. Sie ist aber auch essbar und riecht unverkennbar nach Knoblauch.

KRIECHENDER GÜNSEL

- Blüten näher beieinander, daher wirkt die Pflanze kompakter
- Blütezeit später – von Mai bis Juni

KNOBLAUCHSRAUKE

- Hellere, mattere und meist größere Blätter, die weniger fest sind
- Knoblauchartiger Geruch beim Zerreiben der Blätter

WIESENLIMONADE

Super erfrischend im Sommer

Zubereitungszeit: ca. 15 Minuten

Für 6 Portionen

3 Zweige Gundermann
1 Handvoll Giersch
1 Liter Apfelsaft
½ Liter Mineralwasser
1 Bio-Zitrone

- Gundermann und Giersch mit einem Nudelholz anquetschen und mit einer Naturkordel zu einem Sträußchen zusammenbinden.
- In ein Gefäß geben, mit Apfelsaft aufgießen und über Nacht ziehen lassen.
- Das Kräutersträußchen herausnehmen und gut ausdrücken.
- Mit Mineralwasser und Zitronensaft aufgießen und servieren.

AUCH LECKER

Gundermann lässt sich in der Küche nicht nur für Herzhaftes, sondern auch für Süßes einsetzen. Immer wieder überraschend sind mit **Schokolade überzogene Blätter**, die wie wildes After Eight schmecken und Desserts und Kuchen lecker schmeckend schmücken.

KNOBLAUCHS-RAUKE

Das Aromawunder

Neben dem wunderbaren Geschmack, der verglichen mit Bärlauch oder Knoblauch milder ist, hat der Verzehr von Knoblauchsrauke einen entscheidenden Vorteil: nach dem Essen „duftet“ man nicht nach Knoblauch, dem aromenverwandten Zwiebelgewächs.

Blatt, Blüte und Samen des heimischen Wildkrauts sind wahre Delikatessen. Zerreibst du die Blätter zwischen den Fingern, steigt ein unverkennbarer Knoblauchduft auf. Noch viel zu selten wird die Knoblauchsrauke in der modernen Küche verwendet – schmeckt doch gerade ein frühlingshaftes Wildkräuter-Pesto mit der geschmacksintensiven Knoblauchsrauke unvergleichlich.

Was und wann?

Vor allem im Frühling findet die Knoblauchsrauke den Weg in unsere Küchen, dann sind die Blätter noch mild mit senf- bis knoblauchartigem Aroma. Später im Jahr nehmen die Gerbstoffe zu und das Knoblaucharoma ab. Am besten verwendest du sie frisch in Dips, Kräuterbutter, Pesto oder im Salat. Auf heißen Speisen solltest du die Blätter erst kurz vor dem Servieren zufügen, da die Aromen leicht flüchtig sind.

Ab Mai sind die kleinen weißen Blüten ein leicht scharfes Topping auf Salaten oder Sandwiches.

Im Frühsommer folgt dann das nächste Highlight mit den grünen, unreifen Schoten und später den reifen Samen, die du wie Senfkörner zum Würzen verwenden kannst.

Das steckt drin

Sie enthält ätherische Öle, Gerbstoffe, reichlich Vitamin A und C, Mineralstoffe und Spurenelemente, sekundäre Pflanzenstoffe wie Saponine und Senfölglykoside.

So sieht Knoblauchsrauke aus

Der 20–100 cm große Kreuzblütler ist zweijährig, im ersten Jahr findest du die Grundblätter und im 2. Jahr blühende Triebe mit spitzeren Stängelblättern. Bevorzugte Plätze, an denen sich die Rauke in großer Zahl niederlässt, sind schattige Brachflächen, Gartenränder, Waldränder, Heckenplätze und Standorte mit stickstoffreichen Böden. Die Knoblauchsrauke stirbt nach der Samenbildung ab und hinterlässt antennenartige Gebilde.

Sie ist am knoblauchartigen Geruch, vor allem beim Zerreiben der Blätter, gut erkennbar.

Blatt und Stängel

- Im 1. Jahr grundständige und rundlich-nierenförmige Blätter
- Im 2. Jahr spitzere, wechselständige Stängelblätter
- Blattränder meist deutlich gezackt
- Stängel vierkantig und behaart

Blüte und Frucht

- Weiße, kleine, unscheinbare Blüten nur an der Spitze der Pflanze und in kleinen Trauben angeordnet
- 4 Blütenblätter pro Blüte
- Blüht von Mai bis Juni
- Früchte: bis zu 8 cm lange Schoten mit dunklen Samen

So nicht!

Die jungen Blätter der Knoblauchsrauke ähneln vor der Blüte den Blättern des Gundermanns, aber da dieser auch essbar ist, besteht hier keine Gefahr.

Die dreieckigen und spitzen Stängelblätter könnten mit denen der Brennnessel verwechselt werden.

GUNDERMANN

- Festere, dunklere Blätter
- Minzartiger Geruch
- Blaue Lippenblüten

BRENNNESSEL

- Blätter sind mit Brennhaaren überzogen
- Blattstand kreuzgegenständig
- Unscheinbare grüne Blüten

WILDES PESTO

Superschnell und raffiniert, mit wenigen Zutaten

Schmeckt auch lecker mit » Bärlauch, Brennnesseln, Löwenzahn, Dost, Giersch, Spitzwegerich, Vogelmiere

Zubereitungszeit: ca. 20 Minuten

Für 4 Portionen

2 Handvoll Knoblauchsrauken-Blätter
50 g Parmesan
50 g Mandeln
150 ml Olivenöl
Salz und frisch gemahlener Pfeffer
etwas Zitronenschalenabrieb

- Knoblauchsrauke verlesen, waschen, trockenschleudern und grob schneiden.
- Parmesan fein reiben.
- Mandeln grob hacken und in einer Pfanne ohne Fett rösten.
- Die Hälfte der Knoblauchsrauke mit etwas Olivenöl fein pürieren.
- Das restliche Kraut, Parmesan, Mandeln und Olivenöl dazugeben und in einem Mörser gut vermahlen.
- Mit Salz, frisch gemahlenem Pfeffer und Zitronenschalenabrieb abschmecken, in sterilisierte Gläser füllen und anschließend im Kühlschrank aufbewahren.

» Pesto aufbewahren: Pesto hält sich ungeöffnet, mit Olivenöl abgedeckt, im Kühlschrank 2 Wochen, du kannst es aber auch einfrieren.

AUCH LECKER

Einen tollen **Knoblauchsrauken-Feta-Aufstrich** kannst du schnell aus Feta, der mit Joghurt glattgerührt und mit einer Handvoll sehr fein gehackter Knoblauchsrauken-Bätter, einigen Zitronenzesten, Pfeffer und Chili gewürzt wird, zaubern.

LÖWENZAHN

Der Tausendsassa

Wenn im April die Wiesen gelb erblühen, ist der Frühling da! Spätestens Ende Mai verwandeln sich die gelben Blütenkörbchen in weiße Büschel aus lauter kleinen Samen mit haarigen Flugschirmen. Diese lassen sich prima pusten und das ist vor allem für Kinder ein Riesenspaß.

An jedem der kleinen Schirme hängt ein Samen für eine neue Löwenzahnpflanze. Der Löwenzahn mit seinen Pusteblumen ist die Orakelpflanze schlechthin.

Was und wann?

Die Blätter sind im Vorfrühling vor der Blüte mild und zart und überzeugen geschmacklich selbst „Wildkräuter-Anfänger", die noch zurückhaltend mit dem Verzehr von Bitterstoffen sind. Die jungen Blätter kannst du wunderbar in Salaten, Rohkostgerichten, Pestos und Dips verwenden. Später im Jahr werden die Blätter bitterer und zäher, daher passen sie besser fein geschnitten in Wildgemüsegerichte.

Im April und Mai, zur Hauptblütezeit, kannst du die Blüten nach einer regenfreien Zeit ernten und daraus Sirup, Gelee oder Likör herstellen. Die Knospen sind in Butter mit Salz und Pfeffer gebraten, sehr lecker, sie können auch in Essig und Öl eingelegt werden.

Super passen die abgezupften Blütenblätter auch in den Salat, die Kräuterbutter oder den Dip.

Im Herbst und Winter werden dann die langen Pfahlwurzeln geerntet und als Gemüse verarbeitet oder geröstet und gemahlen in ein Heißgetränk verwandelt.

Das steckt drin

Löwenzahn wurde bereits im Mittelalter als Arzneipflanze geschätzt. Er enthält Bitterstoffe, reichlich Vitamin C und wichtige Mineralstoffe. In der Volksmedizin wird Löwenzahn zur Anregung der Leber- und Gallenfunktion eingesetzt. Er soll verdauungsfördernd, blutreinigend, entwässernd und anregend auf den gesamten Stoffwechsel wirken.

So sieht Löwenzahn aus

Im zeitigen Frühjahr reckt er seine gezackten länglichen Blätter in einer Rosette aus dem Erdreich, in dem seine tiefen Pfahlwurzeln verankert sind. Fast überall gedeiht der Löwenzahn, ohne dass wir etwas dafür tun müssten.

Blatt und Stängel

- Rosetten mit lanzenähnlichen, scharf eingeschnittenen oder gezahnten, 10–30 cm langen Blättern, ähnlich „Löwenzähnen", mit markanter Mittelrippe
- Große Formenvielfalt, die Spitzen der Einbuchtungen bzw. Zähnen zeigen immer Richtung Erde
- Hohle, bis zu 30 cm hohe Blütenstängel mit Milchsaft

Blüte und Frucht

- Pro Stängel 1 leuchtend gelbe Korbblüte, die nur aus Zungenblüten besteht
- Hauptsächliche Blütezeit: April bis Mai
- Kugeliger, Pusteblume genannter Blütenstand mit Flugfrüchten (Fallschirmen)

So nicht!

Die wichtigsten Verwechslungsarten des Löwenzahns sind andere Pflanzen aus der Familie der Korbblütler, wie z. B. das Ferkelkraut, die aber allesamt nicht giftig sind.
Gefährlich wird es bei dem giftigen Jakobs-Kreuzkraut auch Jakobsgreiskraut genannt, das aufgrund der Blütenfarbe eine entfernte Ähnlichkeit hat.

FERKELKRAUT

- Rundere Einbuchtungen

JAKOBS-KREUZKRAUT

- Rötliche bis violette Stängel
- Blüht zwischen Juli und September, verzweigter Blütenstand mit vielen Blütenkörbchen
- Wird bis zu 1 m hoch

LÖWENZAHN-GEMÜSE

Tolles Alltagsgericht

Schmeckt auch lecker mit » Brennnessel, Giersch, Löwenzahn, Spitzwegerich, Wiesenbärenklau

Zubereitungszeit: ca. 20 Minuten

Für 4 Portionen

600 g Löwenzahn-Blätter
1 EL Butter
1 Zwiebel, klein gewürfelt
1 Knoblauchzehe, klein geschnitten
50 ml Gemüsebrühe
Salz, Pfeffer, Muskat
50 ml Sahne

- Löwenzahn-Blätter waschen, abtropfen lassen und grob schneiden.
- Die Butter in einem großen Topf erhitzen und die Zwiebelwürfel und die klein geschnittene oder gepresste Knoblauchzehe darin andünsten.
- Die Wildkräuter dazugeben und einige Minuten mit dünsten. Mit etwas Brühe aufgießen und 5 Minuten köcheln lassen.
- Mit Salz, frisch gemahlenem Pfeffer und Muskat abschmecken. Mit der Sahne verfeinern und servieren.

SAUERAMPFER

Der Erfrischende

Sauer macht lustig. Hast du den Sauerampfer vielleicht schon als Kind auf einem Spaziergang durch Wiesen kennengelernt und probiert? Der Sauerampfer ist ein leckeres Wildkraut, das traditionell neben Petersilie, Schnittlauch, Kerbel, Pimpinelle, Borretsch und Brunnenkresse unbedingt in eine Frankfurter Grüne Soße gehört.

Du kannst das Knöterichgewächs mit den langen, schlanken Blättern und dem unverkennbaren „Schwalbenschwanz" entweder auf ausgedehnten Spaziergängen durch Felder und Wiesen wild pflücken oder in deinem Garten oder auf deinem Balkon anpflanzen, solange er genügend Sonnenlicht und Feuchtigkeit erhält. Er hat einen herrlich säuerlich-frischen Geschmack.

Was und wann?

Die Blätter kannst du von März bis in den Spätsommer roh als Beigabe oder zum Würzen von Salaten, für Suppen oder Soßen, aber auch einfach als Gemüse wie Spinat zubereiten. Gegart verliert er leider seine schöne grüne Farbe und wird bräunlich.

Alle Teile sind essbar, so kannst du von Mai bis Juli auch die Blütenstände roh als Salatbeigabe oder im Dip verwenden.

Das steckt drin

Der Sauerampfer steckt randvoll mit viel Vitamin C, aber auch B-Vitaminen, Magnesium, Kalium und Flavonoiden. Lediglich aufgrund der enthaltenen Oxalsäure sollte er nicht in zu großen Mengen verzehrt werden. Menschen mit Nierenerkrankungen sollten ihn vorsichtshalber gar nicht essen.

So sieht Sauerampfer aus

Die 30 cm bis zu 1 m hoch werdende ausdauernde Staude ist zweihäusig, männliche und weibliche Blüten stehen also auf verschiedenen Pflanzen. Der Sauerampfer wächst wild auf Feuchtwiesen, an Wegrändern, an Bachsäumen und im Gebüsch.

Blatt und Stängel

- Spieß- bis pfeilförmig-länglich
- Hellgrün und glänzend
- Mit deutlich pfeilförmigem Blattgrund, dem sogenannten Schwalbenschwanz
- Rosettenblätter sind lang gestielt
- Stängelblätter kurz gestielt
- Obere Stängelblätter immer sitzend, nie gestielt
- Stängel aufrecht, im unteren Bereich unverzweigt

Blüte und Frucht

- Blüte erscheint von Mai bis Juli
- Sehr klein und unscheinbar, rötlich bis blassgrün
- In endständigem, rispenartigem, lockerem Blütenstand
- Früchte ab August, dreikantig

So nicht!

Aufgrund ähnlicher Blätter könntest du den Sauerampfer mit dem giftigen Aronstab verwechseln oder mit anderen Ampfer-Arten aufgrund der Rosetten, die ungiftig, aber nicht genießbar sind.

ARONSTAB

- Blätter sind größer, dunkelgrün und dunkel gefleckt
- Sein Standort ist eher im Wald oder unter Büschen

WIESENAMPFER

- Kein pfeilförmiger Blattgrund
- Wächst oft auf Kuhweiden

SAUERAMPFERSUPPE

Eine grüne, wilde Suppe, schaumig geschlagen – einfach köstlich

Schmeckt auch lecker mit » Bärenklau, Brennnessel, Giersch, Spitzwegerich, Wiesenbärenklau

Zubereitungszeit: 30 Minuten

Für 4 Portionen

1 Gemüsezwiebel

2–3 Handvoll Sauerampfer-Blätter

20 g Butter

1 l Gemüsebrühe

250 ml Schlagsahne

Salz, frisch gemahlener Pfeffer

- Zwiebel schälen und in Würfel schneiden.
- Sauerampfer waschen, trockenschleudern und fein hacken, einige Blätter ganz lassen.
- Zwiebel in Butter anschwitzen und zwei Drittel des geschnittenen Sauerampfers dazugeben.
- Mit Gemüsebrühe aufgießen und Schlagsahne dazugeben, dann 10 Minuten köcheln lassen.
- Zum Ende der Kochzeit den restlichen geschnittenen Sauerampfer unter die Suppe mischen. Die Suppe mit dem Stabmixer schaumig rühren, mit Salz und Pfeffer abschmecken, mit den ungeschnittenen Blättern garnieren und servieren.

SCHAFGARBE

Die Augenbraue der Venus

Was für eine Pflanze! Die Schafgarbe ist ein megaschöner Korbblütler, der aussieht wie ein Doldenblüter. Ihre Blätter werden auch als „Augenbraue der Venus“ bezeichnet, durch sie ist die Schafgarbe sicher erkennbar.

In der Volksmedizin ist sie als Frauenkraut bekannt, aber wegen ihres feinen Geschmacks kann man sie auch vielseitig in der Küche einsetzen.

Als ob das nicht ausreicht, ist sie mit ihrem intensiven, unverkennbaren Geruch und ihrem riesigen Angebot an Nektar und Pollen für Wildbienen und viele andere Insekten unwiderstehlich und eine wichtige Nahrungsquelle.

Was und wann?

Besonders fein aromatisch schmecken die jungen Blätter, die im Frühjahr direkt aus dem Boden sprießen. Also am besten direkt von der Wiese in die Salatschüssel.

Die Schafgarbe wird umso würziger, je höher sie wächst, und ab Juni kannst du auch die aromatischen Blüten ernten und zu Aufstrich, Kräuterbutter, einem Dip, einer leckeren Kräuterlimonade verarbeiten oder einen Kräuterlikör ansetzen. Beim Einsatz in der Küche solltest du darauf achten, alles sehr fein zu hacken, da die Stängel und Stiele zäh sind.

Das steckt drin

Sie macht uns mit ihrem Image als große Heilpflanze nichts vor: vollgepackt mit Gerbstoffen, Flavonoiden, Polyphenolsäuren, Bitterstoffen und ätherischen Ölen wirkt sie verdauungsfördernd und gegen Blähungen, die Leber stärkend und entzündungshemmend. Außerdem gilt sie in der Volksmedizin als großes Frauenkraut, da sie bei allen möglichen Frauenproblemen eingesetzt wird. Angefangen von Menstruationsbeschwerden, über Übelkeit in der Schwangerschaft bis hin zu Wechseljahresbeschwerden.

So sieht Schafgarbe aus

Die Schafgarbe ist eine mehrjährige, ausdauernde Pflanze, ein Teil der Blätter bleibt sogar im Winter oberhalb der Erdoberfläche.

In ganz Europa ist die Schafgarbe heimisch. Sie bevorzugt sonnige, trockene Standorte auf Wiesen, Weiden und Wegrändern.

Blatt und Stängel

- Im Frühling erscheint eine Blattrosette
- Später gebildete Stängelblätter wechselständig
- Blätter sind kleinteilig mehrfach gefiedert mit unzähligen am Rand gezähnten Einzelblättchen
- Stängel stabil, zäh, behaart und innen markhaltig

Blüte und Frucht

- Korbblütler mit kleinen, weißen, manchmal leicht rosafarbenen Zungen- und Röhrenblüten
- Blüten stehen in einer Scheindolde von Juni bis August, häufig auch länger
- Früchte ab August, dreikantig längs gefurcht, jede Frucht (Achäne) enthält einen länglichen Samen.

So nicht!

Die Wilde Möhre hat das Potential mit der Schafgarbe verwechselt werden. Die Pflanze treibt im zeitigen Frühjahr ähnlich fein gegliederte Blätter, die sich aus einer Grundrosette entwickeln, ist aber nicht giftig.

WILDE MÖHRE

- Die Blätter der Wilden Möhre sind zwei- bis dreifach gefiedert, mit nicht so dicht stehenden Fiederblättchen 1. Ordnung
- Der Geruch der Blätter ist typisch würzig möhrig
- Der gefurchte Blütenstängel entwickelt sich Mitte Juni mit einer weißen Doldenblüte, die meist in der Mitte einen kleinen schwarzen Punkt besitzt

SCHAFGARBEN-TEE

Das blühende Kraut wird als Tee oder Tinktur in der Volksmedizin bei Verdauungsbeschwerden und gegen Schmerzen eingesetzt

Zubereitungszeit: 10 Minuten

Für 1 Portion

1 Handvoll frisch geerntete Schafgarben-Blüten

250 ml kochendes Wasser

- Schafgarben-Blüten sehr fein hacken.
- 2 TL abmessen und in eine Tasse geben.
- Mit 250 ml kochendem Wasser überbrühen und Tasse abdecken.
- Maximal 5 Minuten ziehen lassen und schluckweise trinken.

SCHAFGARBEN-TINKTUR

Zubereitungszeit: 10 Minuten

Für 250 ml Tinktur

2 Handvoll frisch geerntete Schafgarben-Blüten

500 ml Twist-off-Glas

250 ml Doppelkorn

1 Teefilter

Glasflaschen oder Tropfflaschen aus Braunglas zur Aufbewahrung

- Schafgarbe sehr fein hacken und in ein Twist-off-Glas füllen.
- Mit Doppelkorn auffüllen, bis alle Pflanzenteile komplett bedeckt sind.
- Glas verschließen und an einem warmen Ort 6 Wochen ziehen lassen.
- Währenddessen das Glas jeden Tag sanft schütteln, um die Wirkstoffe zu lösen.
- Am Ende der Ziehzeit die fertige Tinktur mithilfe eines Teefilters abseihen.
- In Braunglasflaschen oder Tropfflaschen füllen und an einem kühlen, dunklen Ort aufbewahren.
- Bei Bedarf 5–8 Tropfen der Tinktur in einem Glas Wasser dreimal täglich einnehmen.

SPITZWEGERICH

Der Herrscher der Wege

Der Wegerich beherrscht nach germanischem Glauben besonders Wege, die direkt ins Totenreich führen.

Er wird schon seit langer Zeit als Heilpflanze verehrt und gehört in jede grüne Hausapotheke. Kennst du das Pfadfinder-Pflaster? Die kühlende und reizmildernde Wirkung hilft unterwegs super bei einem Insektenstich, bei Abschürfungen, Blasen und Brennnesselquaddeln. Du zerreibst Blätter und tupfst den austretenden Pflanzensaft auf die betroffene Stelle.

Aber auch kulinarisch hat er einiges zu bieten – für uns Menschen und auch für Insekten. Für viele Falter ist der Spitzwegerich Raupenfutterpflanze, darunter stark gefährdete Arten der Roten Liste.

Was und wann?

Die Blätter schmecken jung und zart, zwischen März und Juni geerntet, am besten. Du kannst sie dann wunderbar roh verarbeiten. Sie passen in Kräuterquark und -butter. Quer zur Faser zerschnitten kannst du sie aber auch in Salaten und Gemüsegerichten verarbeiten.

Die Blütenknospen haben im Mai und Juni einen super leckeren pilzigen Geschmack und können bei einem Spaziergang wunderbar gesnackt werden. Falls sie den Weg nach Hause in die Küche überstehen, schmecken sie auch super in Öl angebraten auf dem Salat.

Das steckt drin

Viel Vitamin C und B, diverse Mineralstoffe, Schleimstoffe, Bitterstoffe und Gerbstoffe.

In der Volksmedizin wird er äußerlich bei Hautirritationen, Insektenstichen, Abschürfungen und Blasen und innerlich gegen Husten verwendet.

So sieht Spitzwegerich aus

Der Spitzwegerich ist eine ausdauernde, ca. 20 cm breite Staude.

Die Pflanze wächst auf lehmhaltigen Böden innerhalb oder am Rand von Wiesen. Auch ist er an Weg- und Straßenrändern weit verbreitet. Er ist sehr trockenheitsverträglich.

Blatt und Stängel

- Blätter in einer grundständigen Rosette
- Kurz gestielt, schmal-länglich
- 5 deutlich parallel verlaufende Längsadern
- Stängel: blattloser Blütentrieb

Blüte und Frucht

- Blüht von Mai bis Juli
- Blütenstand: grün-bräunliche, kolbenartige Ähre mit weißen, ca. 2 mm langen Blüten
- Früchte von Juli bis Oktober, 2 mm große, eiförmige Samen

So nicht!

Ähnlichkeit hat der Spitzwegerich mit seinem direkten Verwandten, dem Breitwegerich. Dieser hat eher rundliche, breitere Blätter, er ist auch genießbar, aber zäher.

BREITWEGERICH

- Blätter größer, breiter, runder und dunkelgrün

HUSTENSAFT MIT SPITZWEGERICH

Schleimlösend, hilft auch bei hartnäckigem, trockenem Reizhusten

Zubereitungszeit: 15 Minuten + 1 Woche Ziehzeit

Für 100 ml Saft

2 Handvoll Spitzwegerich-Blätter

100 ml flüssiger Honig

1 Twist-off-Glas

- Spitzwegerich-Blätter waschen, trocknen, klein schneiden und in ein sauberes Twist-off-Glas geben.
- Mit dem Honig auffüllen und an einem warmen Platz ziehen lassen.
- Das Glas täglich schütteln, nach 1 Woche abseihen, in ein sauberes Twist-off-Glas füllen und bei Husten verwenden.
- Anwendung: bei Husten mehrmals täglich 1 TL einnehmen.

AUCH LECKER

Die **Blütenknospen des Spitzwegerich** sind roh verzehrt eine nach Champignons schmeckende Köstlichkeit auf jeder Wanderung. Salaten und Suppen geben sie als Topping eine pilzige Note, ausgebacken in Öl mit Knoblauch sind sie eine Delikatesse und lassen sich so als Dekoration bei anderen Gerichten verwenden.

VOGELMIERE

Die Zarte mit der Punkfrisur

Empörte Gärtner knurren etwas von Unkraut und merken gar nicht, dass die Vogelmiere eifrig bestrebt ist, alle freiliegenden Flächen, die sonst austrocknen würden, zu schützen und mit ihrem zarten Grün zu überziehen.

In Weinbergen bewahrt sie den Boden vor Erosion, ungeachtet der Tatsache, unbeliebt zu sein. Den Namen trägt die Pflanze mit den entzückenden weißen Sternblüten, weil sie für Vögel eine Delikatesse ist.

Die Vogelmiere begleitet den Menschen seit der Steinzeit und kommt heute in den gemäßigten Breiten weltweit vor. Du kannst sie normalerweise auch in jedem naturnahen Garten und Balkon finden und ernten. Sie schmeckt salatartig mild, aber aromatischer als Kopfsalat und erinnert vom Geschmack auch an jungen Mais. Einmal probiert, wirst du ihr bestimmt verfallen sein.

Was und wann?

Die Vogelmiere kannst du ganzjährig ernten. Sie wächst meist so dicht, dass du sie büschelweise aus dem Boden ziehen und dann in der Küche auch die ganze Pflanze verarbeiten kannst. Sie muss sorgfältig verlesen werden, die kleinen Würzelchen sollten vor der Verarbeitung entfernt werden. Megalecker ist sie im Salat und zu Pesto verarbeitet, du kannst sie aber auch als Gemüse verwenden.

Das steckt drin

Sie enthält Saponine, Flavonoide, ätherische Ölen, Zink und Cumarin und stärkt die Abwehrkräfte.

Ihre basisch wirkenden Mineralstoffe unterstützen eine blutreinigende und vitalisierende Frühjahrskur perfekt, vielleicht in Form von einem grünen Smoothie?

So sieht Vogelmiere aus

Die Gewöhnliche Vogelmiere ist eine ein- bis zweijährige krautige Pflanze, ein am Boden kriechendes Nelkengewächs, das ganze Rasen bilden kann.

Sie ist sehr verbreitet und kommt häufig in Äckern und Gärten, Weingärten und Gräben vor. Sie liebt Halbschatten. Ameisen breiten die papillösen Samen nach dem Ausstreuen weiter aus. Daneben findet auch eine Ausbreitung durch den Menschen statt, z. B. über Erde bei Gartenarbeiten oder durch Anhaftung der Samen an Schuhen.

Blatt und Stängel

- Blätter fleischig, oval und leicht spitz zulaufend, gegenständig
- Im unteren Bereich des Stängels sitzen die Blätter an kurzen Stielen, im oberen Bereich sind sie ungestielt
- Runder, zarter, meist niederliegender Stängel mit einer einseitigen Reihe von Längshaaren, die an eine Punkerfrisur erinnert (am einfachsten mit einer Lupe erkennbar)
- Beim vorsichtigen Auseinanderziehen des Stängels, zeigt sich ein fadenähnliches Leitbündel

Blüte und Frucht

- Kleine, weiße, sternförmige Blüten, bei warmer Witterung ganzjährig
- 5 tief geteilte Blütenblätter
- Kapselfrucht etwa 3–5 mm lang, mit rötlich braunen Samen

So nicht!

Solltest du trotz dieser typischen Merkmale versehentlich eine der ähnlich aussehenden Mieren oder Hornkräuter erwischen, musst du dir keine Sorgen machen: Sie sind nicht giftig, – aber auch nicht besonders lecker. Vorsicht gilt jedoch bei einer anderen Pflanze: Vor der Blüte kann die Vogelmiere mit dem unverträglichen Ackergauchheil verwechselt werden, der ähnliche Plätze besiedelt.

ACKERGAUCHHEIL

- Vierkantiger Stängel, ohne einseitige Haarleiste
- Blüht nur im Sommer, meist orangefarben, manchmal auch blau

VOGELMIEREN-DIP ODER -AUFSTRICH

Probier den Dip mal zum Grillen!

Schmeckt auch lecker mit » Bärlauch, Knoblauchsrauke, Brennnessel, Sauerampfer, Wiesenlabkraut

Zubereitungszeit: 20 Minuten + einige Stunden Ziehzeit

Für 8 Portionen

400 g Weißbrot
150 ml Milch
1 Knoblauchzehe
200 g Mandeln, gemahlen
Saft von 2 Zitronen
1 TL Salz
50 ml Olivenöl
½ TL frisch gemahlener Pfeffer
1 TL Zucker
5 Handvoll Vogelmiere (ganze Pflanze, aber die Würzelchen entfernen)

- Das Weißbrot in der Milch einweichen, Knoblauchzehe schälen und grob hacken.
- Das Brot ausdrücken und mit Knoblauch, Mandeln, Zitronensaft und 1 TL Salz mit dem Pürierstab zu einer Paste verarbeiten.
- Das Öl langsam mit einarbeiten und kräftig mit Pfeffer und Zucker abschmecken.
- Vogelmiere verlesen, waschen, trocknen und sehr fein schneiden. Unter die Paste heben und im Kühlschrank einige Stunden durchziehen lassen. Als Dip oder Brotaufstrich servieren.

WIESEN-BÄRENKLAU

Pflanze mit Bärentatzen

Der Wiesenbärenklau ist geschmacklich ein mildes Anfänger-Wildkraut. Er kommt häufig auf feuchten Wiesen und an Grabenrändern vor und die Ernte einer einzelnen Pflanze kann so ergiebig sein, dass sie direkt für eine komplette Mahlzeit ausreicht.

In der Wildkräuterküche werden aus Blatt, Stängel und Blütenknospen leckere Delikatessen zubereitet.

Der Geschmack der Samen überrascht durch seine zitronige und leicht scharfe Note und eignet sich hervorragend zum Aromatisieren von Speisen und auch als Zutat für Gewürzmischungen.

Die großen weißen Doldenblüten sind ein äußerst beliebter Tummelplatz für eine Vielzahl von Insekten, das allein macht den Wiesenbärenklau schon unverzichtbar für einen naturnahen Garten.

Falls du sehr empfindliche Haut hast, solltest du zur Verarbeitung des Wiesenbärenklau Handschuhe tragen.

Was und wann?

Die Blätter kannst du von Frühjahr bis Herbst zu Wildgemüse verarbeiten. Die geschälten Blattstiele schmecken gedünstet ähnlich wie Spargel.

Ab Mai stecken grüne Blütenknospen in einer kugeligen Blattscheide. Sie sehen nicht nur aus wie Mini-Brokkoli, ihr Geschmack ist ebenso vorzüglich.

Die Samen kannst du von Juli bis Oktober sammeln.

Das steckt drin

Der Wiesenbärenklau verspricht Bärenkräfte zu verleihen. Ob das an den zahlreichen Mineralstoffen, Fettsäuren und Vitaminen liegt?

Vor allem die Früchte enthalten sehr viele ätherische Öle und Bitterstoffe.

So sieht Wiesenbärenklau aus

Die mehrjährige Pflanze mit dem rauen Stängel wird bis zu 1,50 m hoch, ist aber meist nur kniehoch. Sie wächst auf nährstoffreichen Wiesen, an Bachufern, an Feldrändern und in lichten Wäldern.

Blatt und Stängel

- Grobe, lappig zerteilte Blätter, behaart, ähneln Bärentatzen
- Sie stehen im Frühjahr und Herbst als Rosette zusammen
- Blattscheiden am Grunde der Stängelblätter, aus denen Seitentriebe und Blütenstände wachsen
- Stängel aufrecht und hohl, oben verzweigt, kantig gefurcht und rau behaart

Blüte und Frucht

- Blütenknospen versteckt in einer schützenden Blütenhülle
- Große, weißliche Blütendolden von Mai bis Juni
- Ab Juli geflügelte Samen

So nicht!

„Ist der Stängel kantig rau, ist es Wiesenbärenklau“: Mit diesem einprägsamen Merksatz kannst du den Wiesenbärenklau gut von seinem großen Bruder, dem Riesenbärenklau, unterscheiden. Zudem ist Letzterer, wie es der Name schon sagt, ein Riese und kann bis 4 m hoch werden.

RIESENBÄRENKLAU, HERKULESSTAUDE

- Bis zu 4 m hoch
- Blattoberseiten sind nicht behaart und nicht weich gelappt
- Stängel wenig gefurcht, mit rötlichen Flecken
- Vorsicht bei Berührungen! Der Saft kann enorme Hautprobleme verursachen!

STÄNGELAUFLAUF

Wer braucht schon Spargel und Brokkoli, wenn der Wiesenbärenklau vor der Tür wächst?

Zubereitungszeit: 45 Minuten

Für 4 Portionen

500 g Wiesenbärenklau-Blattstängel und -Blütenknospen

100 g Bergkäse

200 ml Sahne

1 Ei

1 EL frisch gepresster Zitronensaft

1 TL Salz

1 Prise frisch gemahlene Muskatnuss

3 EL fein gehackte frische Würzkräuter (Dost, Gundermann)

- Stängel und Blütenknospen sehr gründlich waschen und in kochendem, leicht gesalzenem Wasser 5 Minuten garen, gut abtropfen lassen und die Stängel in ca. 2 cm lange Stücke schneiden.
- Backofen auf 220 °C Ober- / Unterhitze vorheizen.
- Käse reiben. Sahne mit dem Ei verquirlen und mit Zitronensaft, Salz und Muskatnuss würzen.
- Stängel und Knospen in eine Auflaufform geben, mit der Sahne-Ei-Masse begießen und abschließend den geriebenen Käse darübergeben. 25 Minuten im Backofen backen und vor dem Servieren mit den frischen Wildkräutern bestreuen.

LECKER UND SCHÖN

Die **trockenen Fruchtstände** des Wiesenbärenklau sind in der Vase sehr attraktiv. Die Samen sind außerdem sehr aromatisch.

WIESEN-LABKRAUT

Das Quirlige

Das Wiesenlabkraut ist eine super Einsteigerpflanze, dank der speziellen Anordnung der Blätter. Es ist bei uns auf fast allen Wiesen und Weiden sowie an Wegrändern sehr häufig anzutreffen.

Der zarte Geschmack, wie eine Mischung aus Kopfsalat und Erbsenschoten, macht das Wiesenlabkraut zu einer köstlichen Beigabe für viele Speisen.

Ein blühendes Wiesenlabkraut sieht tatsächlich aus wie eine schöne Wolke aus weißen Blüten.

Die duftigen weißen Blütenstände zusammen mit anderen Wiesenblumen sehen in einem Sommerblumenstrauß wunderschön aus. Aber auch als Kranz gebunden oder als Blütendeko in oder um ein Windlicht dekoriert machen die Blütenstände richtig was her, halten lange und trocknen megatoll ein.

In einer Blumenwiese in einem Naturgarten darf das Wiesenlabkraut nicht fehlen, es lässt sich sehr leicht aus Samen ziehen, die man im Spätsommer überall an Wegrändern ernten kann und direkt wieder aussäht.

Was und wann?

Für die Kräuterküche werden die jungen Triebspitzen im Frühjahr vor allem vor der Blüte roh verwendet. Sie schmecken genial in Pesto, Salat und Smoothie.

Das steckt drin

Das Wiesenlabkraut enthält Vitamine, Mineralstoffe und viele sekundäre Pflanzenstoffe, besonders reich ist es an dem Spurenelement Silizium.

Es wirkt stärkend auf das Immunsystem und ein Wiesenlabkraut-Tee wird in der Volksmedizin als Nervenstärkung eingesetzt.

So sieht Wiesenlabkraut aus

Das Wiesenlabkraut wird je nach Standort 30–80 cm hoch und wächst auf sonnigen Wiesen, Weiden und an Wegrändern mit nährstoffreichen, lehmigen Böden.

Blatt und Stängel

- Quirliger Blattstand: Am Stängel Kränze aus 6–9 schmalen Blättern, die etagenweise übereinanderstehen
- Blätter sind spieß- bis pfeilförmig-länglich
- Stängel kahl, deutlich vierkantig, verzweigt

Blüte und Frucht

- Blüht von Mai bis August und duftet nach Honig
- Weiße, zarte, rispenartige Blütenbäusche an Ende des Stängels
- Kleine kugelige Früchte im September

So nicht!

Ihre Verwandtschaft zum Wiesenlabkraut lässt sich nicht leugnen: Der Waldmeister, das Echte Labkraut und das Klettenlabkraut gehören zur selben Gattung und sehen sich durch den quirligen Blattstand ähnlich. Sie sind alle nicht giftig.

Wenn du auf den Aufbau der Labkräuter mit ihren unverkennbaren Scheinquirlen achtest, kann es keine giftigen Verwechslungsarten geben.

KLETTENLABKRAUT

- Besetzt mit kurzen, hakigen Kletthaaren
- Klettert durch ihre vielen Widerhaken an anderen Pflanzen empor
- Kleine kugelige Früchte mit Kletthaaren im September

GRÜNER WILDER SMOOTHIE

Eine echte Nährstoff-Bombe, die das Immunsystem stärkt

Schmeckt auch lecker mit » Brennnessel, Giersch, Löwenzahn, Vogelmiere, Spitzwegerich, Sauerampfer

Zubereitungszeit: 10 Minuten

2 Portionen

1 Handvoll Wiesenlabkraut

1 Apfel

1 Orange

100 ml Apfelsaft

100 g Natur-Joghurt

50 ml Mineralwasser zum Auffüllen

- Wiesenlabkraut verlesen, waschen und trockenschleudern.
- Den Apfel vierteln und das Kerngehäuse entfernen, die Orange schälen und vierteln.
- Alle Zutaten in einem hohen Gefäß mit dem Stabmixer pürieren.
- In ein Glas füllen und genießen.

AUCH LECKER

Für einen **Wildkräuterquark mit Labkraut** 250 g Quark (2 %ig) mit 1 EL Rapsöl glattrühren und 2 Handvoll fein gehacktes Wiesenlabkraut unterrühren, mit Salz und frisch gemahlenem schwarzen Pfeffer abschmecken und als Dip zu Pellkartoffeln, gebackenem Gemüse oder als Brotaufstrich servieren.

SERVICE

ZUM WEITERLESEN

- Bühring, U. (2020): **Alles über Heilpflanzen**; Erkennen, Anwendung und gesund bleiben. Verlag Eugen Ulmer, Stuttgart.
- Hissel, J. (2023): **Megalästig Megalecker Megagesund**. Verlag Eugen Ulmer, Stuttgart.
- Hissel, J., Rechenburg, L. (2022): **Wildkräuter im Herbst und Winter**. Verlag Eugen Ulmer, Stuttgart.
- Hissel, J., Schwarzer, E. (2021): **Das kleine Unkraut-Kochbuch**. Verlag Eugen Ulmer Stuttgart.
- Rechenburg, L. (2019): **Dort oben sehe ich euch wachsen**. Heilkräuter aus den Bergen – finden und anwenden. Verlag Löwenzahn, Innsbruck.
- Schneider, C. (2021): **Wildkräuter finden**. Der Blitzkurs für Einsteiger. Verlag Eugen Ulmer, Stuttgart.
- Wurft, M. (2020): **Mein Wildkräuter-Buch**. Verlag Eugen Ulmer, Stuttgart.
- Schneider, Beiser, Gliem (2024): **Wild- und Heilkräuter, Beeren und Pilze finden**. Verlag Eugen Ulmer, Stuttgart.

ÜBER DIE AUTORIN

JANINE HISSEL ist naturverbunden aufgewachsen. Die Welt der Wildpflanzen ist ihre Leidenschaft und so hat sie vor 10 Jahren ihre Passion zum Beruf gemacht. Nach einer Ausbildung bei der Gundermann Akademie zur Kräuterpädagogin BNE und einer Weiterbildung zum Thema „Grüne Hausapotheke“ gründete sie „Wald- und Wiesenblumen“ (www.wald-und-wiesenblumen.de) und bietet seitdem Wildkräuterspaziergänge, Seminare und Kochevents im Raum Aachen an.

WILDE ALTERNATIVEN

	Grüner Hummus, S. 16	Pizza bianca, S. 22	Kräuter-salz, S. 28	Kräuter-öl, S. 28	Wilder Salat, S. 34
Bärlauch	🍃	🍃	🍃	🍃	🍃
Brenn-nessel	🍃	🍃			
Dost			🍃	🍃	
Giersch	🍃	🍃	🍃		🍃
Gunder-mann			🍃	🍃	
Knob-lauchs-rauke	🍃		🍃	🍃	🍃
Löwen-zahn	🍃	🍃			🍃
Sauer-ampfer					🍃
Schafgarbe					
Spitz-wegerich					
Vogel-miere	🍃				🍃
Wiesen-bärenklau					
Wiesen-labkraut					🍃
Mischung der Alter-nativen	🍃	🍃	🍃		🍃

Wiesen-limo, S. 40	Wildes Pesto, S. 46	Wiesen-Gemüse, S. 52	Grüne Suppe, S. 58	Kräuter-dip, S. 76	Smoo-thie, S. 88
	🍃		🍃	🍃	
	🍃	🍃	🍃	🍃	🍃
	🍃				
🍃	🍃	🍃	🍃		🍃
🍃					
	🍃			🍃	
	🍃	🍃			🍃
			🍃	🍃	🍃
	🍃	🍃	🍃		🍃
	🍃			🍃	🍃
		🍃	🍃		
				🍃	🍃
	🍃			🍃	🍃

SCHNELL NACHGESCHLAGEN

Bildquellen

Das wunderbare Coverfoto, das Blatt auf dem Buchrücken, die Seite 1 sowie die leckeren Food-Fotos kreierte Sabrina Sue Daniels (sabrinasue.de).
Das Autorenfoto S. 91 stammt von Janine Hissel.
Die tollen Pflanzenfotos stammen von Frank Hecker (naturfoto-hecker.com), mit Ausnahme von:
Shutterstock.com: Akif CUBUK: S. 45 re., S. 60 ; Amalia Gruber: S. 69; ArgenLant: S. 32 li.; Bildagentur Zoonar GmbH: S.24; Burning Bright: S. 38 li.; Emanuel Metzenthin: S. 6; encierro: S. 5; Flower_Garden: S. 26 re.; Furiarossa: S. 74; Heather York: S. 33 li.; I. Rottlaender: S. 14 re. ; Ihor Hvozdetskyi: S. 50 o.; Jenny CC Carter: S. 39 li.; Karel Gallas: S. 26 li.; klemen cerkovnik: S. 38 re.; Lipatova Maryna: S. 18; Lipatova Maryna: S. 36; M. Schuppich: S. 42, S. 44 re.; Martin Fowler: S. 75; Mazur Travel: S. 14 li.; Nahhana: S. 68 re.; olko1975: S. 84; photoPOU: S. 15 li.; Picture Partners: S. 12; Sophie Leguil: S. 10 / 11; Svetlan: S. 90; Tom Meaker: S. 21 u.; unpict: S. 68 li.
Susanne Junker (redsign.de): Icons ungiftig / giftig, S. 92/93
Antje Warnecke: Schmuckgrafik Cover, S. 9

Impressum

Die in diesem Buch enthaltenen Empfehlungen und Angaben sind von der Autorin mit größter Sorgfalt zusammengestellt und geprüft worden. Eine Garantie für die Richtigkeit der Angaben kann aber nicht gegeben werden. Autorin und Verlag übernehmen keine Haftung für Schäden und Unfälle. Bitte setzen Sie bei der Anwendung der in diesem Buch enthaltenen Empfehlungen Ihr persönliches Urteilsvermögen ein.
Der Verlag Eugen Ulmer ist nicht verantwortlich für die Inhalte der im Buch genannten Websites.

Anmerkung zur Schreibweise (Gendering): Gendergerechtigkeit und Inklusion sind bei uns gelebte Praxis – bei der Auswahl unserer Themen, bei der Recherchearbeit, in der Gestaltung. Unsere Texte meinen alle. Damit unsere Inhalte jedoch gut lesbar bleiben, verzichten wir in diesem Werk auf die jeweilige Mehrfachnennung oder Anpassung der Schreibweise bestimmter Bezeichnungen an die weibliche, männliche oder diverse Form.

Bibliografische Information der Deutschen Nationalbibliothek
Die Deutsche Nationalbibliothek verzeichnet diese Publikation in der Deutschen Nationalbibliografie; detaillierte bibliografische Daten sind im Internet über http://dnb.d-nb.de abrufbar.

Wollgrasweg 41, 70599 Stuttgart (Hohenheim)
E-Mail: info@ulmer.de
Internet: www.ulmer.de

Projektleitung: Helen Haas
Lektorat: Sabine Drobik
Herstellung: Stephanie Haun
Umschlaggestaltung, Layout und Satz: Antje Warnecke, nordendesign.de
Reproduktion: time:ray, Jettingen
Druck und Bindung: Livonia Print, Riga
Printed in Latvia

ISBN 978-3-8186-2393-7